彩绘版 昆虫记 ③

——狼蛛与迷宫蛛

【法】法布尔 著
陈娟 编译

当代世界出版社

图书在版编目（CIP）数据

彩绘版昆虫记.3，狼蛛与迷宫蛛 /（法）法布尔（Fabre，J.H.）著；陈娟编译.-- 北京：当代世界出版社，2013.8

ISBN 978-7-5090-0923-9

Ⅰ.①彩… Ⅱ.①法… ②陈… Ⅲ.①昆虫学－青年读物 ②昆虫学－少年读物 Ⅳ.① Q96-49

中国版本图书馆 CIP 数据核字（2013）第 141406 号

书　　名：彩绘版昆虫记 3——狼蛛与迷宫蛛
出版发行：当代世界出版社
地　　址：北京市复兴路 4 号（100860）
网　　址：http://www.worldpress.org.cn
编务电话：（010）83907332
发行电话：（010）83908409
（010）83908455
（010）83908377
（010）83908423（邮购）
（010）83908410（传真）
经　　销：新华书店
印　　刷：三河市汇鑫印务有限公司
开　　本：787mm × 1092mm　1/16
印　　张：8
字　　数：50 千字
版　　次：2013 年 8 月第 1 版
印　　次：2013 年 8 月第 1 次印刷
书　　号：ISBN 978-7-5090-0923-9
定　　价：25.80 元

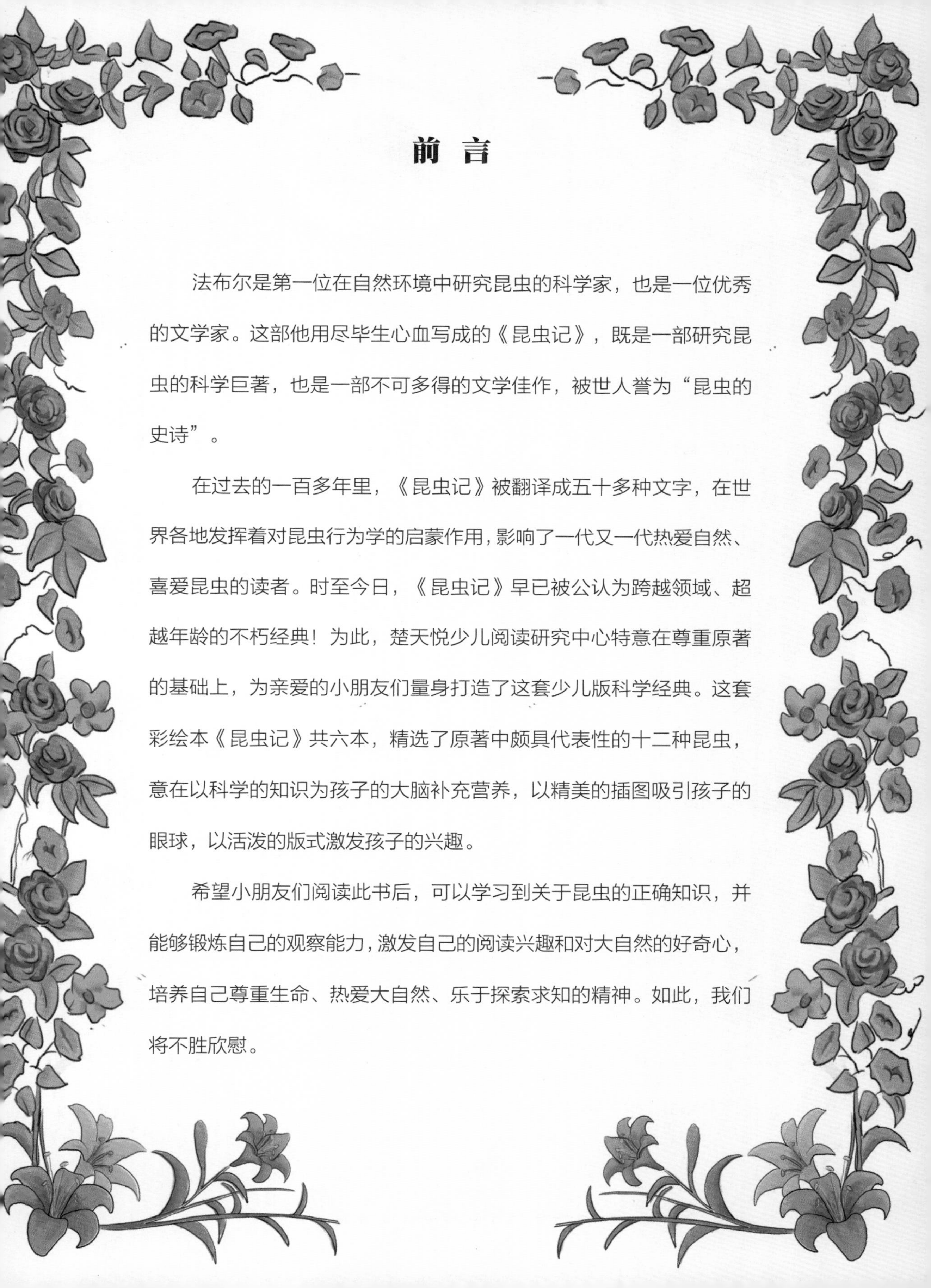

前 言

法布尔是第一位在自然环境中研究昆虫的科学家，也是一位优秀的文学家。这部他用尽毕生心血写成的《昆虫记》，既是一部研究昆虫的科学巨著，也是一部不可多得的文学佳作，被世人誉为“昆虫的史诗”。

在过去的一百多年里，《昆虫记》被翻译成五十多种文字，在世界各地发挥着对昆虫行为学的启蒙作用，影响了一代又一代热爱自然、喜爱昆虫的读者。时至今日，《昆虫记》早已被公认为跨越领域、超越年龄的不朽经典！为此，楚天悦少儿阅读研究中心特意在尊重原著的基础上，为亲爱的小朋友们量身打造了这套少儿版科学经典。这套彩绘本《昆虫记》共六本，精选了原著中颇具代表性的十二种昆虫，意在以科学的知识为孩子的大脑补充营养，以精美的插图吸引孩子的眼球，以活泼的版式激发孩子的兴趣。

希望小朋友们阅读此书后，可以学习到关于昆虫的正确知识，并能够锻炼自己的观察能力，激发自己的阅读兴趣和对大自然的好奇心，培养自己尊重生命、热爱大自然、乐于探索求知的精神。如此，我们将不胜欣慰。

神秘的蜘蛛世界

其实，蜘蛛并不属于昆虫一类，法布尔先生之所以把它们选进昆虫记，大概是因为它们的习性和昆虫比较相近，又被人们所熟知吧。

蜘蛛那丑陋而狰狞的外表是令大家感到胆寒的，而它的毒性却更令大家心生畏惧。依靠毒素，蜘蛛能够迅速致它的敌人于死地，这可能是令蜘蛛臭名昭著的最主要的原因吧。

其实，人们这种误解是对蜘蛛极大的冤枉。因为，在所有的蜘蛛当中，真正对人类有害的、凶狠残暴的毒蜘蛛只占其总数的千分之一。比如我们接下来要讲的“冷面毒王”——狼蛛。但如果大家知道狼蛛是怎么疼爱和照顾它的小宝宝的故事后，我相信大家一定会大为震惊，并且会改变对它的看法的。

迷宫蛛之所以出名，靠的可不是它的毒性，而是它非凡的建筑本领。它可是一位天才的建筑师。在短时间内，它可以把自己的网结成像魔幻的水晶迷宫那样精美剔透，并且让敌人像误入魔窟一样深陷其中，不能自拔。

除了狼蛛和迷宫蛛，蜘蛛家族的种类还有很多，现在先让我们从这两种小家伙身上入手，解开蜘蛛家族的神秘面纱吧。

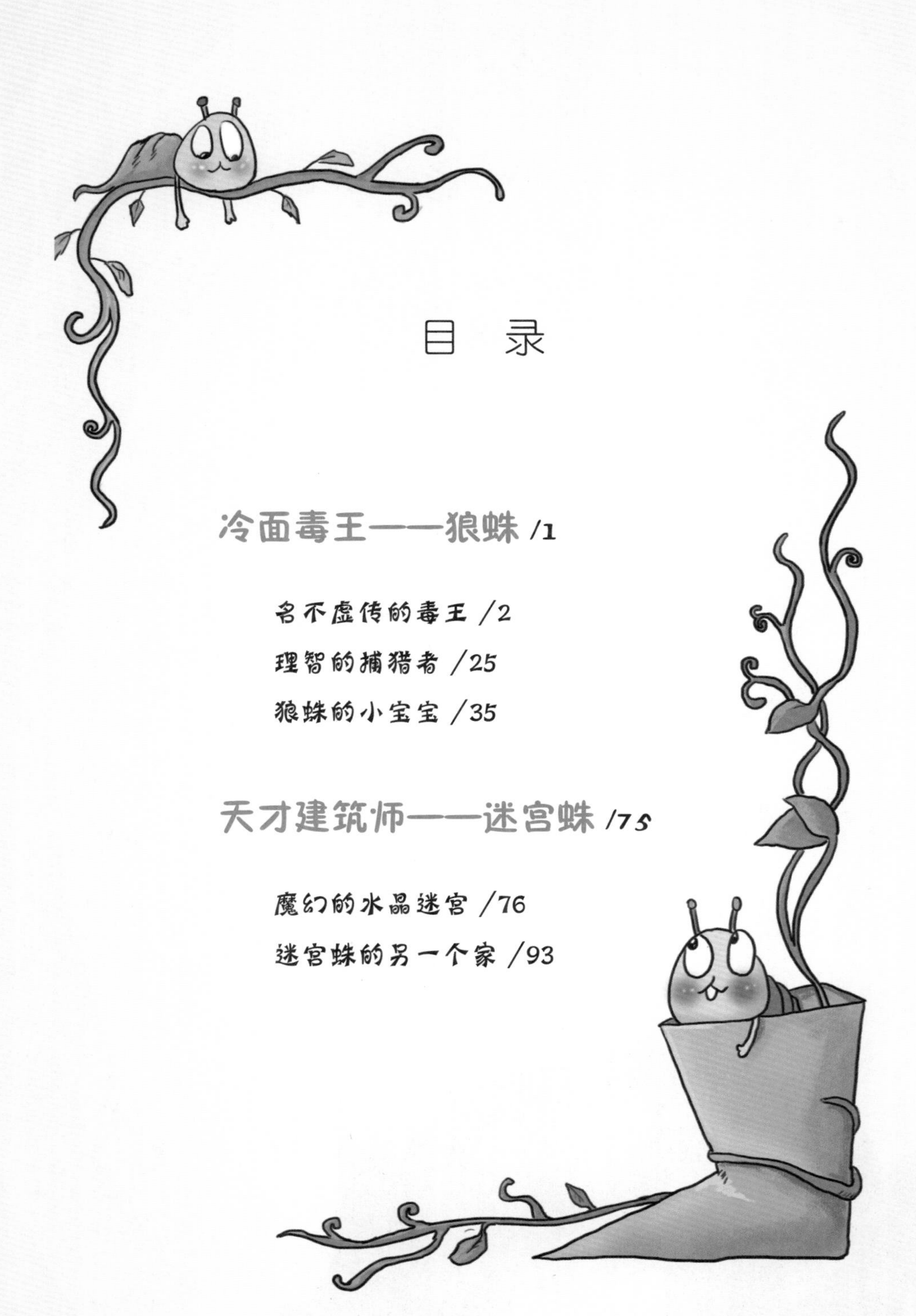

目　录

冷面毒王
——狼蛛

昆虫小档案

中 文 名：狼蛛

英 文 名：tarantula

科属分类：节肢动物门，蛛形纲

籍　　贯：广泛分布于全球各地，一般在地面、田埂、沟边、农田和植株上活动。

蜘蛛，这个被称为“昆虫界的冷面杀手”的家伙，大家好像都对它没有什么好印象。因为它那狰狞的外表确实使人感到害怕，不光如此，它的毒性，更是令大家心惊胆寒！可是，小朋友们，我敢保证，如果你们对它稍微有点耐心，仔细地观察它们一段时间的话，你们一定也会像我一样喜欢上这种小动物的。因为它不但是一个狡猾的猎人，还是一个辛勤的劳动者、一个纺织高手，更是一位慈爱的母亲。不止如此，在其他方面他们也很有意思，并值得人们对它加以关注。

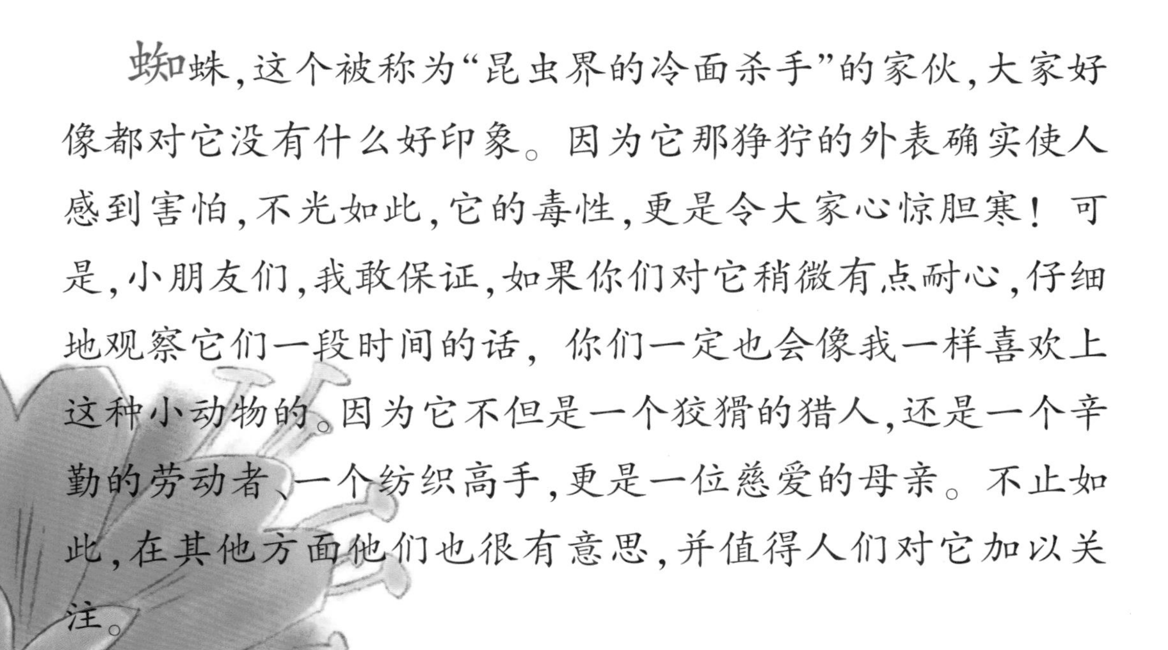

名不虚传的毒王

蜘蛛曾一度被称为“地下毒王”。这恐怕是令大家都惧怕它的最主要的原因吧。

可是，小朋友们，你们知道吗？长期以来，大部分的蜘蛛是蒙受了不白之冤的。因为，在所有的蜘蛛当中，真正对人类有害的毒蜘蛛只占其总数的千分之一。

对于人类来说，即使蜘蛛再如何残忍而快速地结束一个小虫子的生命，也不会比蚊子频繁地叮咬更为可怕。所以，我在这里很想为蜘蛛叫不平：它们真的是无辜的！

不过，有少数几种蜘蛛确实是有毒的。在意大利有这样一种说法：人要是不幸被狼蛛刺到的话，就会全身痉挛，而且疯狂地跳舞。治疗这种病的方法很有意思，各种的药物对它都起不到丝毫的作用，除了音乐。

这种说法是有些道理的。狼蛛的毒性能够刺激到人的某些神经，从而让被刺的人失去常态，以致疯狂。这时候，病人就需要一种音乐能抚慰他们的心灵并帮助他们恢复镇定的神态。

在我们居住的这个地方，有一种黑肚狼蛛，它毒性非常大，从它身上，我们就可以感知到蜘蛛到底有多可怕了。

这种狼蛛有八只眼睛，排成三列。前列的四只，后两列各有两只，它喜欢居住在干燥的沙地上。

真巧，在我家就正好有那么一块沙地，从而吸引了不少的狼蛛来这里居住。我数了一下，这里狼蛛的洞穴大概有二十几个。

每次我走到洞边，去看望它们的时候，它们那四只瞪着我的眼睛叫我不寒而栗。

狼蛛的住宅全部是由自己的毒牙挖成的，大概有一尺深，一寸宽。洞穴在刚开始挖的时候是垂直的，以后会逐渐地打弯。在洞的出入口处它们还建有一堵矮墙。

矮墙多是用稻草和各种废料碎片建成的。

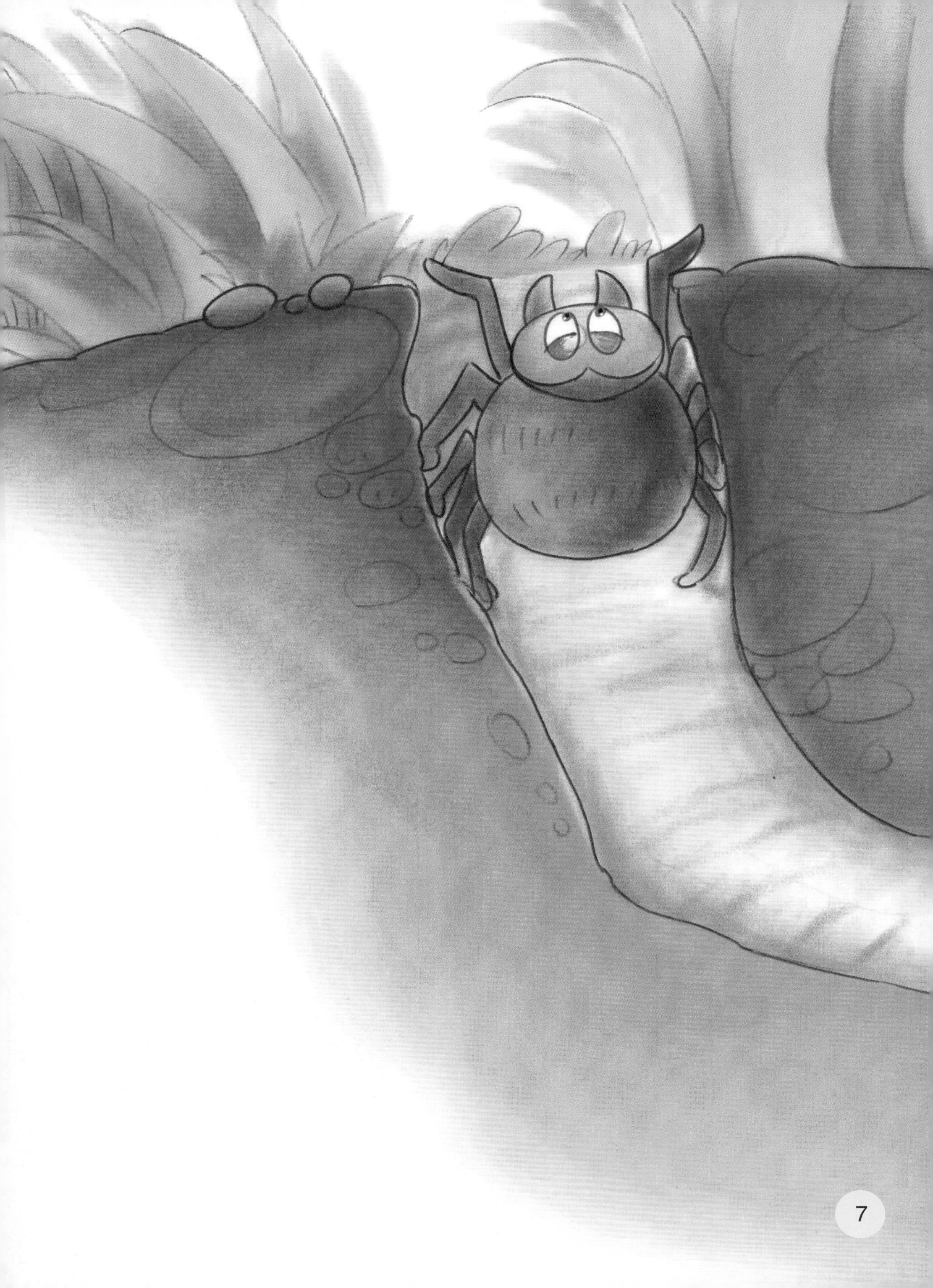

为了更加清楚地观察它们，我决定捉几只狼蛛。首先我在洞口不断地挥舞着一根小棒，并不断地模仿蜜蜂嗡嗡的叫声。所以我满心希望狼蛛在听到“蜜蜂”的叫声后，会以为真的是有猎物自投罗网了，然后马上跑出来。

可是，结果却很不尽如人意。在听到声音后，狼蛛确实往上爬了一点，但很快，狡猾的它就马上嗅出了不一般的味道。于是，它就待在原地一动也不动了。

这只狼蛛是如此的狡猾，看来要捉到它们，就必须要有一只活的蜜蜂做出牺牲了。我首先找来一只瓶子，瓶口的大小正好和洞口一样。接着，我把那只可怜的、将要作为诱饵的土蜂装进了瓶子里，然后马上把瓶口罩在了洞口上。

被囚禁的土蜂气愤极了，嗡嗡地直叫，恼怒地使劲冲撞着玻璃瓶子，终于，它在慌乱和愤怒中发现了地底下的洞口，愚蠢的土蜂像看到了救星一样，毫不犹豫地钻了进去，走上了自取灭亡的道路。

当它往下飞的时候，正好和急匆匆地往上赶的狼蛛狭路相逢。没过几秒钟，我就听到了洞穴里面传来的土蜂那凄厉的叫声。

我把瓶子拿开，那只土蜂已经悲惨地死去了。

我用钳子把土蜂从洞里拖出来，这时狼蛛着急了，然后就急忙地跟了上来。

于是我立刻用石块把狼蛛的洞口堵住。别看狼蛛在捕获猎物的时候凶神恶煞似的，可面对这突如其来的变故就好像一下子变得很胆怯。它僵直地待在那里，犹犹豫豫的，好像要逃跑，又好像被吓得连逃跑的勇气都没了。

它这种被吓得不知所措、痴傻发愣的样子，只能用“呆若木鸡”这个成语来形容了。

有了成功的经验，接下来活捉狼蛛可就顺手多了。我依然是用土蜂作为诱饵，然后引蛛出洞，最后收入囊中。就这样，不一会儿，我的实验室的泥盆里就多了一群新房客。

其实，我用土蜂去引诱狼蛛，并不仅仅是为了捕捉它，而且还是为了观察它捕食的情形。据我所知，它每天的食物都必须是新鲜的活物，它不像甲虫那样听话，乖乖地吃母亲为自己储藏已久的食物。也不像黄蜂那样，拥有神奇的保鲜技术，可以使食物保持长达两个星期的新鲜。

它就像是一个凶残的、双手沾满血腥的屠夫，只要猎物不幸地落入它的地盘，它就残忍地将它活活杀死，并当场吃掉！真不愧是昆虫界的冷面杀手啊！

当然,有时狼蛛要得到猎物也并不是那么容易,要冒很大的风险。

假如飞进它洞里的是有着强有力的牙齿的蚱蜢,或者是带着毒刺的蜂,那鹿死谁手可就不一定了。狼蛛唯一有力的武器就是它的两颗毒牙。

它能做的就是扑到敌人的身上,迅速地把毒牙刺进敌人最致命的地方,把它活活地杀死,然后再美美地享用。

靠着两颗毒牙,狼蛛很少有失手的时候,可见它所释放的毒素是一种多么厉害的暗器了。

我的女儿养了一窝小麻雀,为了测试狼蛛的毒性,我对她百般哀求,最后好不容易求得一只羽毛刚刚长好、就要出巢的小麻雀。

我让一只狼蛛咬了一下这只小麻雀的一条腿，仅仅一口而已。小麻雀受伤的这条腿好像已经不能用了，根本不能站立，只能用另外的一条腿独自支撑。

值得高兴的是,除了受伤的腿不能行动以外,小麻雀并没有其他什么不适,胃口也相当不错。

十二个小时以后,我们依然很乐观,因为它依然很贪吃。

可是两天以后,它对吃的不再感兴趣,它小小的身体缩成一个小球,呆呆地不动,有时候还会发出剧烈的痉挛。

我的女儿把小麻雀捧在手心里,不断地对它呵着气,可是它痉挛的次数越来越多,也一次比一次厉害。最后,它终于在痛苦中去了另一个世界。

全家人把小麻雀的死都怪罪到了我的头上。

我自己也后悔极了：早知如此，我会选一只罪该万死的、对人类有害的动物做实验。

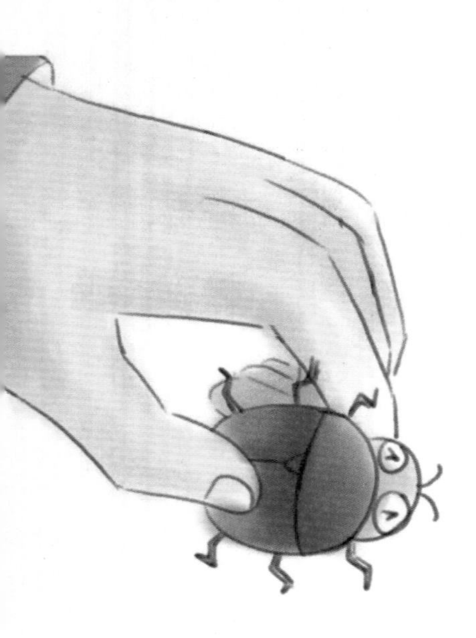

鼹鼠是最合适不过的了。我拿来做实验的这只鼹鼠是正在田地里偷吃莴笋时被我和女儿逮住的。

这次，善良的小女儿一点也没有反对。

我把鼹鼠关进笼子里，每天喂它各种新鲜的甲虫、蚂蚱等，它每次都贪婪地吃着。

它看起来是如此健康，这正是我想要的结果啊。

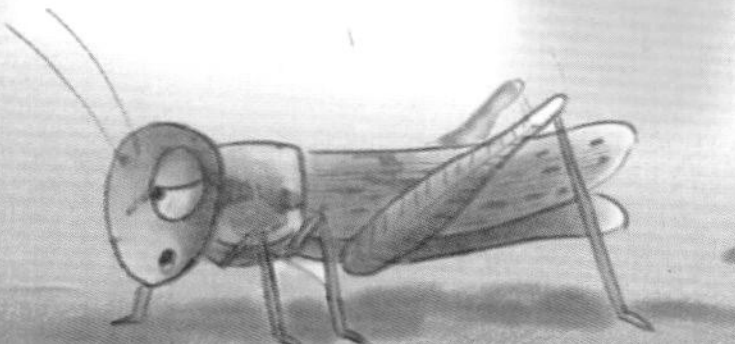

悉心地伺候了鼹鼠这么多天，该是它报答我的时候了。我让一只狼蛛去咬它的鼻尖。之后，它不停地用它的小爪子抓挠着鼻子，它的鼻子很快地糜烂了。小家伙看起来很难受，行动变得迟缓而痴呆，并且食欲不振。

又过了一天，小家伙已经完全不吃东西了。终于在被咬的三十六个小时后，它在痛苦中死去了。

从实验可以看出，狼蛛的毒牙是多么可怕啊。不仅能够致小小的昆虫于死地，对于比它稍大的小动物也是充满杀伤力的。麻雀在它这里毫无抵抗力，甚至比它体积大很多的鼹鼠也难逃一劫。

我们知道，黄蜂可以用毒液麻醉昆虫，现在让我们把黄蜂和可以用毒液杀死昆虫的狼蛛做一下比较吧。狼蛛，需要的是新鲜的猎物，所以，它在捕捉猎物时，咬住的是昆虫头部的神经中枢，使它立刻中毒死去，然后马上把它吃掉。

而黄蜂则不同，它需要保持食物的新鲜，以便为它的宝宝们储藏食物，所以它会选择把毒液刺入猎物的另一个神经中枢，只是使它失去知觉，而不会置它于死地。这是两个杀手的不同点，至于相同点已经显而易见了，那就是它们所吃的猎物都是新鲜的，所用的凶器都是毒刺。

小朋友们，你们觉得这两种小动物捕捉猎物的方法是不是很神奇呢？

它们做得多好，好像它们从生下来就开始知道，从猎物的哪里下手对自己最有利似的，真是太不可思议了。

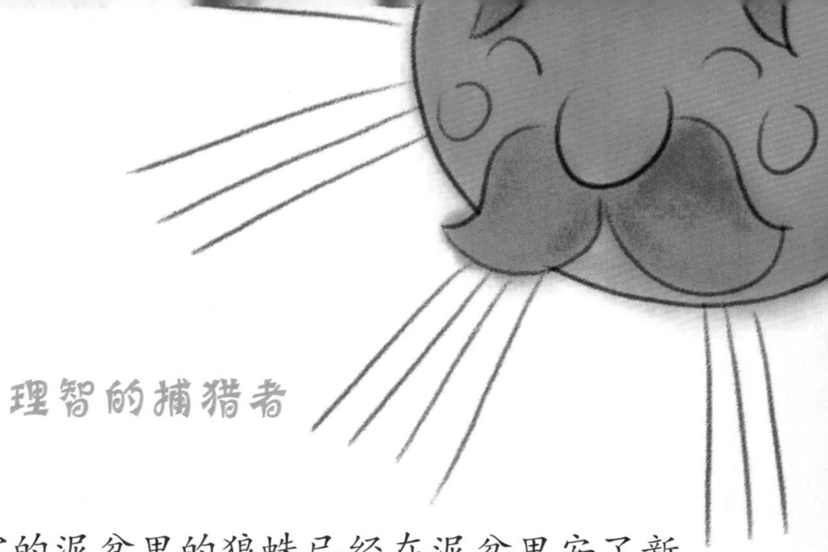

理智的捕猎者

被我养在实验室的泥盆里的狼蛛已经在泥盆里安了新家。它在阳光下静静地守候着，把身体隐藏在洞里，只有脑袋探出洞口。

它的腿缩在一起，好像随时准备着跳跃，以捕获从旁边经过的不幸者。

狼蛛对于自己的捕猎本事显然很满意，每当它成功地捕获到食物时都会表现出满意又快乐的神情。然后迅速地把猎物拖回家享用。

狼蛛是一个很有理性和耐性的小家伙。

如果猎物离着它有一段距离，它就会选择放弃。

因为，在它的洞里没有任何可以帮助它猎食的工具，它必须始终傻傻地等候在那里。

它相信一些粗心大意的猎物会自己送上门来的。

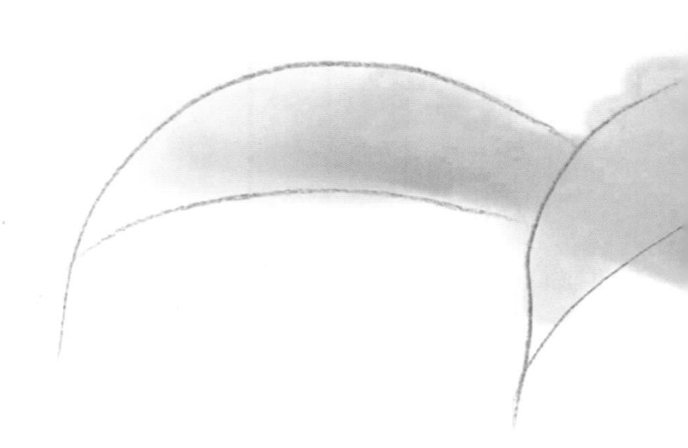

狼蛛经常要等好长时间，才能等到一只猎物，那么在这段时间里它不会感到饥饿吗？原来啊，狼蛛长着一个神奇的胃。

它的胃可以自动节制，保证它在很长一段时间内不吃东西也不会有饥饿的感觉。我实验室里的狼蛛，有时候我会接连一个星期都不喂它们食物，但它们气色看起来依然很好。不过，这时候它们面对食物就会变得更加贪婪。接下来，我想着重给大家讲一下狼蛛和木匠蜂作战的情形。一是，木匠蜂可算是它最强大的敌手之一了，其次，狼蛛在与它作战时的所作所为更能表现出它的理性和耐性。

木匠蜂的全身都长有黑亮的绒毛，它的刺相当厉害，若是不幸被它刺到，受伤的部位会肿胀很长时间。

我捉了几只很强悍的木匠蜂，分别装到玻璃瓶里。然后又挑选了一只大而凶猛、已经饿了一个多星期的狼蛛。

我把瓶子扣在那只穷凶极恶的狼蛛的洞口上，那只木匠蜂已经意识到了危险，它惊恐地发出剧烈的嗡嗡声，拼命地撞击着囚牢的内壁。狼蛛被这巨大的响声惊动了，它爬出洞口，小心谨慎地探出半个身子。一向以残忍凶恶著称的狼蛛，现在也好像被同样强大的木匠蜂吓到了，它只是静静地看着眼前的情景。

半个小时也过去了，太让人失望了。胆小的狼蛛，它居然又若无其事地返回洞里去了！

我不甘心，又连续试探了好几只狼蛛。但结果无一例外。

欣慰的是,最后我终于成功了。有一只狼蛛猛烈地从洞里冲出来，一下子扑咬过去。眨眼间就击败了强大的木匠蜂。

狼蛛刚要把猎物拖回洞里享用的时候，我用镊子把木匠蜂的尸体夹了起来。

我发现狼蛛把毒牙刺进木匠蜂神经中枢的地方。难道小小的狼蛛真的有这种本领，可以准确地刺击到猎物的神经中枢,从而一刺以毙命?

我又做了几次实验,而结果正如我所猜测的一样。

我突然明白了，为什么在前几次的实验中，狼蛛迟迟不敢采取行动。因为自己并没有十足的把握能够击败木匠蜂。万一没有击中敌人的要害部位，那遭殃的很可能就是自己了。

所以狼蛛会很理性耐心地躲在洞里静静地等候，直到强大的敌人正面对着它，头部很容易被刺中的时候，它才立即冲出去，一招致命。否则，它就是拿自己的生命做赌注。

狼蛛的小宝宝

狼蛛的毒性和捕猎方法,让人害怕。但是,如果你知道狼蛛是怎么照顾它的小宝宝的，一定会改变对它的看法的。

八月的一个早上，我发现一只狼蛛在地上织了一张丝网，这个网是用来做什么的呢？原来呀，这是它为不久的产卵工作做准备呢。丝网简单而粗糙，但很坚固。

在这张网上，狼蛛用最好的白丝又织了一张精致的席子，这就是它的卵巢的雏形了。

席子做成硬币大小以后，它就开始加厚席子的边缘了，直到这个席子变成一个半圆的形状，狼蛛开始在里面产卵了。

产完卵后，狼蛛把卵保护起来。它首先用丝把卵盖好，形成一个圆球的形状。

然后，它扯去那些攀在圆席上的丝，卷起四周，将卵包裹好之后，狼蛛终于把自己的卵藏在了一个又干净又漂亮的小丝球里面。

这个卵囊是一个白色的小丝球，大约有一颗樱桃那么大，摸上去软软黏黏的。除了这个丝球以外，它的卵球就没有别的遮盖物了。同样，在卵球里面，除了卵以外，也就没有其他的什么东西了。

它不像条纹蜘蛛那样，里面还准备着柔软、暖和的垫褥和绒毛。对于寒冷，狼蛛是完全没有必要替它的宝宝们担心的。因为，用不了进入冬天，它的卵就早已孵化完了。

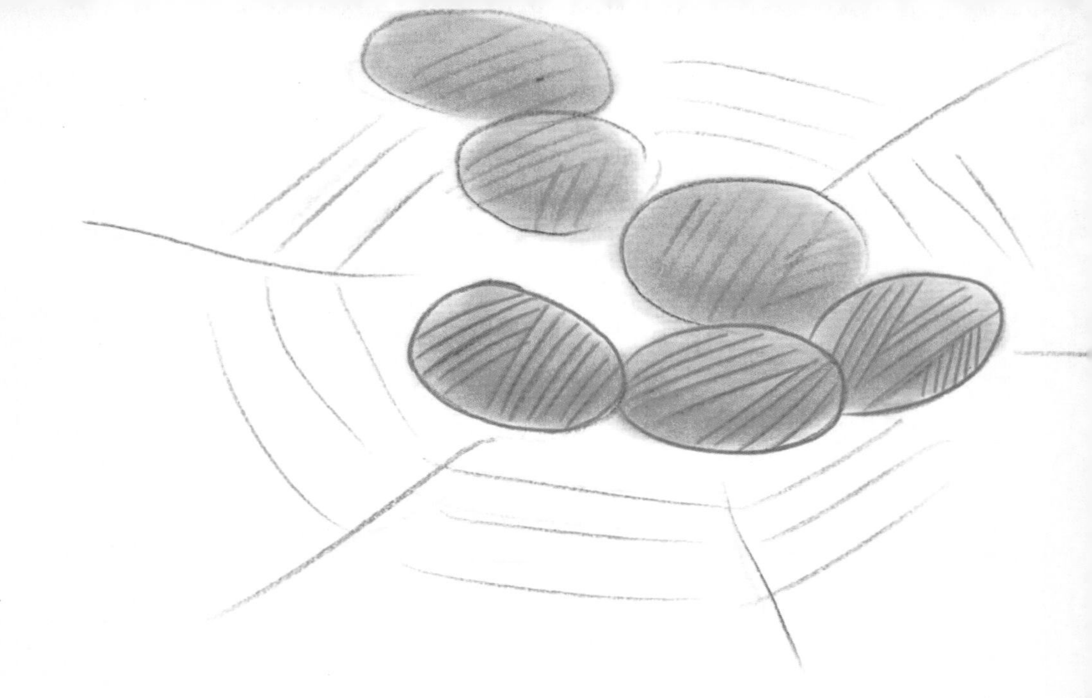

接下来，在长达三个星期的时间里，狼蛛总是拖着它那沉重而美丽的负担——宝贝丝球。

如果发生了什么意外，使它的宝贝丝球离开了它的身体，它就会不顾一切地把它夺回来，不管对方是如何强大。

在夏末的那几天早上，狼蛛都要带着它的小球爬到洞口，趴在那儿晒太阳。初夏时，狼蛛爬到洞口晒太阳是为了自己享受，而当产卵做母亲后，它就是为了它的宝宝了。

这从它们晒太阳的姿势上就可以一目了然。当狼蛛为了自己而晒太阳时，是前半身在洞外，而后半身藏在洞里。

而当它带着小宝宝们一起晒太阳时，是前半身在洞里，后半身在洞外。

母蛛用它的后腿把卵囊举到洞口，并不停地轻轻转动着，从而使卵囊的每个部位都能享受到阳光。

狼蛛的这个动作要持续很长的时间，从早上太阳升起，一直要到太阳落山。并且，在接下来的大概一个月内天天如此，这得需要多大的耐心和多么深沉的母爱啊！恐怕这世界上除了自己的母亲，不会有人这样耐心地对待这些小宝宝们了吧。

九月初时，小狼蛛要破巢而出了。大概有两百多只呢。它们出来以后，就爬到母亲的背上，紧紧地拥在一起，至于那个小丝球，在这些小家伙孵化完以后就从丝囊上脱落，被母蛛舍弃到一旁了。

小狼蛛很温顺。安静地在母亲的背上歇着，只是想让妈妈背着它们到处去逛逛，而这也是它们的妈妈乐意做的。

狼蛛妈妈总是乐此不疲地背着它的孩子们到处跑。虽然背上的负担很重，很消耗体力，母蛛吃的却很少。但有时为了维持体力，母蛛也不得不主动出来觅食。这时，它的背上依然会背着它的宝宝们。

这些小狼蛛们，在母亲的背上要待上六七个月才会离开。小朋友，你们知道吗？即使是美洲著名的背负专家——鼹鼠，也只不过是让孩子在自己的背上待上几个星期，这和狼蛛的六七个月比起来，真是有点小巫见大巫了！

不过好在母蛛的孩子虽然很多，但是都很自立，这让它省心不少。那么这些小狼蛛是怎么自立的呢？

我刚才已经说了，狼蛛妈妈经常背着小狼蛛到处去散步，可这也是一件很危险的事情。因为狼蛛背上的小狼蛛太多了，它们难免会掉落到地上来，小朋友，你们想想看，这时它们可能会遭遇怎样的命运呢？

它们的母亲会不会时时地紧盯着它们，当发现它们掉落的时候就马上帮它们重新爬上来呢？这种想象似乎非常的合理，但是事情往往就是很出乎意料，平时那么关爱狼蛛宝宝的母蛛此时是绝对不会给予小狼蛛任何帮助的。

小朋友们可以想象一下，一只母蛛需要同时照顾几百只小蛛，凭借自己的力量，它肯定不能照顾得很周到、全面。所以，不管是一只、几只，甚至是全部的小蛛都从它的背上跌落下来，它也绝对只会不闻不问、袖手旁观的。

其实，并不是狼蛛妈妈真的狠心不要它的宝宝了，而是它要锻炼它们，要让它们学会自己解决问题，而不要依靠别人。

所以，每当小狼蛛掉下来时，狼蛛妈妈表面上就像没发生任何事情一样，小狼蛛们也并不会让它的妈妈失望，通常都会迅速而又利落地自己把问题解决掉。

我曾经做过实验，证明小狼蛛的确是很自立的。一次，我用笔把我实验室中的几只母狼蛛背上的小狼蛛刮了下来，而母狼蛛却若无其事地继续往前走。

那些小狼蛛们从沙地上爬起来后，很利索地就近攀上了母亲的脚。幸好它们的母亲有八只脚，掉落的小蛛们就沿着它的腿往上爬，不一会儿，小狼蛛又安稳地趴在母亲身上了，没有一只因为跌落而掉队。

经过长时间观察，我发现了一件奇怪的事情，那就是它们从破巢而出爬到母亲背上，一直到最后离开母亲，在这长达七个月的时间里，它们依然是刚出巢时的大小，并且没有吃任何东西。

一开始我以为母狼蛛应该会喂小狼蛛一些吃的吧！

一般的情况下，母蛛都是在洞里吃东西的，它们偶尔也会到洞口，在暖暖的阳光下进食。一旦得到观察的机会，我就会仔细地观察，看看母狼蛛是怎么给小狼蛛喂食的。

我看到，狼蛛妈妈在那里狼吞虎咽，可是小狼蛛却依然悠闲地在母亲背上休息，一点也不眼馋。

那么，小狼蛛是靠什么来维持生命的呢？难道是靠从母亲的背上吸取养分吗？可是，我从来没有发现过小狼蛛把嘴巴贴到母亲的背上去吮吸。而那狼蛛妈妈也没有比以前更加消瘦啊，它还是一如既往地充满活力，甚至比以前更胖了呢。

如果这些小家伙在这七个月里，总是安稳不动，不需要消耗多少能量，那就不难理解他们为什么不需要食物。

但是这些小狼蛛，虽然大部分时间都是在母亲的背上歇着，但他们也会从母亲的背上跌落下来，它们要挣扎着自己爬上去，所以，必须有能量的支撑才行。

还可以从另一个角度说，我们可以把动物的身体比作火车头。

有的时候，即使火车头的各部分都完好无损，火车头却仍然不能开动，一直到火炉里面的煤燃烧起来，火车才会开动起来。在这里，煤就是产生能量的“食物”，从而让火车头运转起来。

动物也是如此，有能量才会运动起来。小动物在胚胎时期，主要是从母亲的胎盘或者从卵里吸取养料。他们的身体才得以不断地长大，并强壮起来。此外，小动物要想不停地做各种运动，比如说跑啦、跳啦、飞跃啦，就必须要另外补充一些可以产生热量的食物，以产生运动所必需的能量。

我们接着讲讲小狼蛛吧。它们是从何处取得产生能量的食物呢？

我是这样想的：供给火车头的动力来源于煤，其实煤就是贮存起来的阳光。那么，火车头是因为吸收了煤的能量而开动起来的，也就说明了火车头其实是间接地吸收了太阳光的能量。

火车头是这样，而别的东西又何尝不是如此呢？太阳是这个世界的灵魂，是能量的最高给予者。它不断地把热量供给小草、果实、种子等一切可以作为食物的东西。

所以，任何东西，只要它是靠别的什么动物或者植物来维持生命，那么它终究是依靠太阳的能量才得以生存的。

可是，除了把食物吃进体内转化为我们需要的能量外，太阳光能不能直接射入到动物的体内，以产生其所需要的能量呢？

我几乎可以肯定，小狼蛛就是靠直接吸收了太阳的热量才得以维持七个月的体力。除此之外，我们似乎无法解释这些小家伙生命力如此旺盛的原因。

化学家告诉我们，未来，一种人工的食物有可能取代我们的一日三餐，而提供给我们所必需的能量。

物理学家甚至预言，若干年后，能够通过一些特制的仪器，直接把太阳能射入我们的身体，以满足我们的能量需求。那就是说我们将来就不用再吃饭，而只需要吸收太阳的光线了。

这个像神话一样的梦想，它能够实现吗？

哦，话题又说远了，还是继续说说这些小狼蛛吧。三月份的时候，小狼蛛已经整整在母亲的背上趴了六七个月了，是时候该让它们与母亲分离了。

以后的路就靠它们自己闯了。

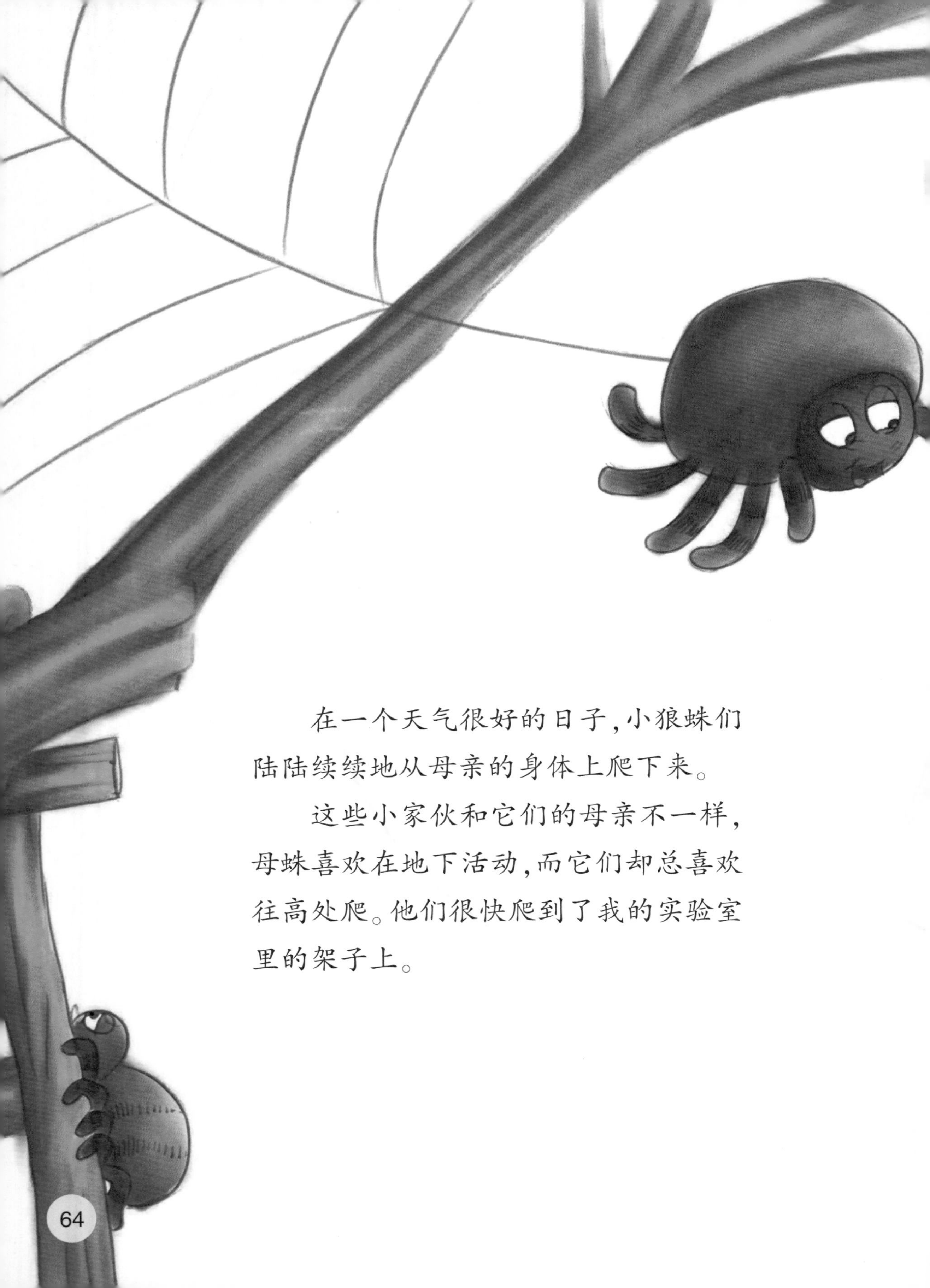

在一个天气很好的日子，小狼蛛们陆陆续续地从母亲的身体上爬下来。

这些小家伙和它们的母亲不一样，母蛛喜欢在地下活动，而它们却总喜欢往高处爬。他们很快爬到了我的实验室里的架子上。

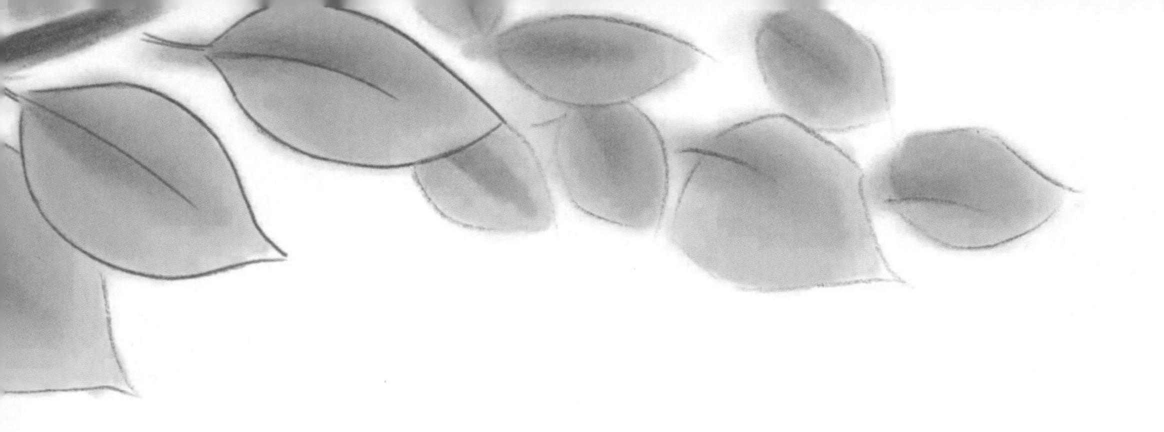

在架子上有一个竖起来的环，这些小家伙马上又爬到了这上边，然后在上边愉快地纺着丝。同时还不停地把腿伸向空中。

我又插了一根树枝，它们又马上向上爬去，一直爬到了树枝的最顶端。它们似乎对现在的高度还不满足，那就满足这些小家伙吧。于是我又在架子上插了一根足有几尺高的芦梗，芦梗的顶端还伸展着一些细小的枝子。我想，这次总能满足这些小家伙了吧。

小狼蛛们又迫不及待地爬到细枝的最末梢上。在那儿，它们依然是乐此不疲地放出丝，然后搭建吊桥。丝很长很细，偶尔有阵微小的风吹过来，就会让它剧烈地抖动。

如果这时候微风把丝吹断，小狼蛛则会乖乖地依然在断丝上荡来荡去，直到风停；如果风大的话，这些小家伙则有可能被吹到一个遥远而陌生的地方，使它们开始一段新的生活。

母蛛这个原来拥有一大群孩子的幸福的母亲，一下子变得形单影只了。但是它不但没有表现出任何的悲痛和憔悴，反而更加精神抖擞、容光焕发了。

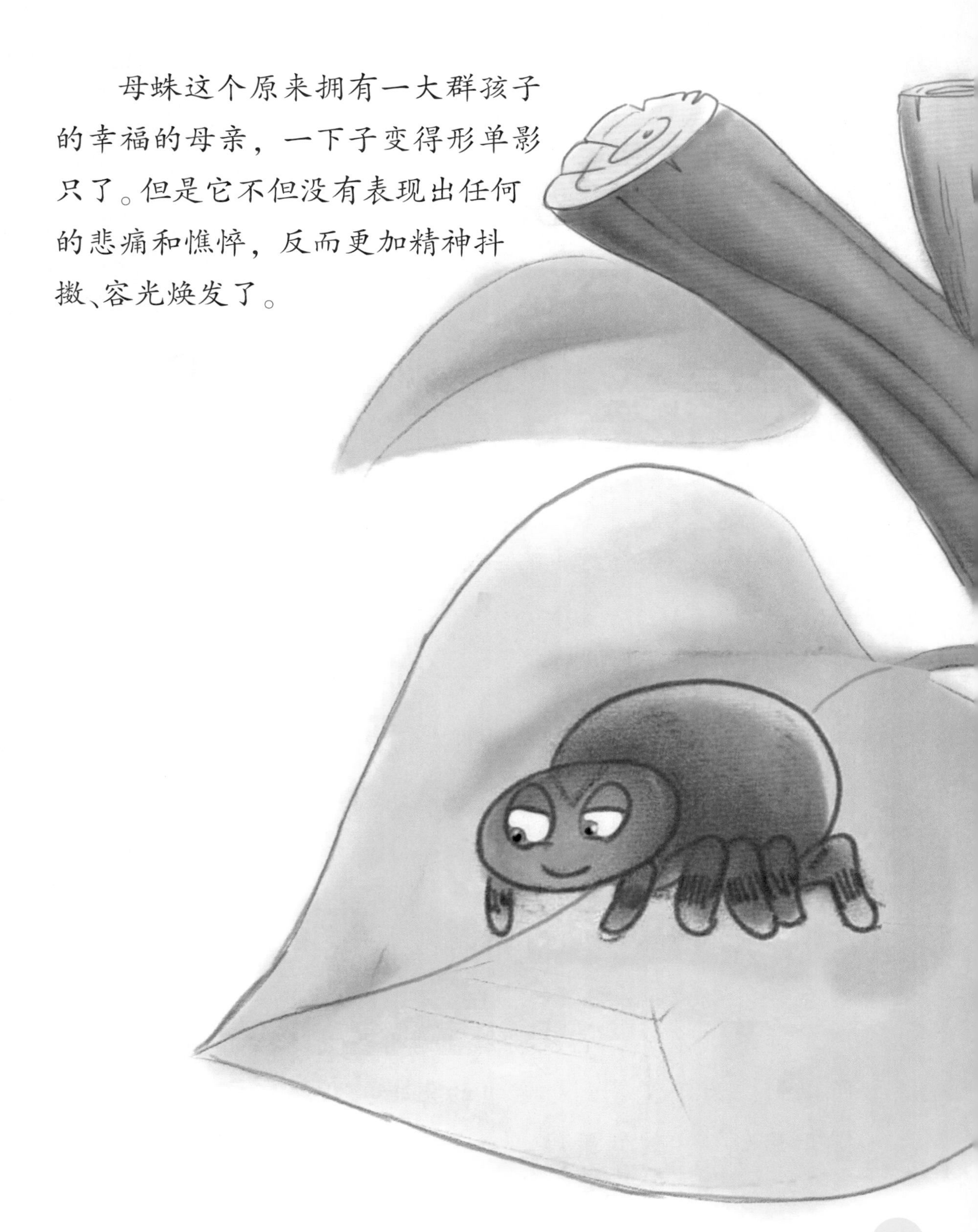

因为母蜘蛛又可以轻松地到处去觅食了，怎么能不高兴呢？

过不了多久，它就要做祖母了，怎么会不高兴呢。所以啊，为了能等到小宝贝的出世，它现在更要努力活得开开心心、健健康康。

现在，不知道小朋友们发现了没有：小狼蛛身上有一种母亲身上没有的本事，那就是攀高。

小狼蛛刚从母亲的背上跳下来的时候，就具备了这种本领。但是，不久以后，这种攀高的本领就会消失。并且，很快，它们自己就会忘记自己曾有过这样的本领。

不过，现在我知道它们为什么要爬到那么高的地方了:在很高的地方，它可以攀上一根细丝,然后借助风的力量,飘荡到很远的地方。小朋友们,你们明白了吗?这些聪明的小家伙原来是要借此出行。

就像我们人类出行可以依靠飞机，它们也有着自己的飞行工具。而到旅行结束后，它们也就把这种飞行工具抛在脑后。

在它还在陆地上流浪的时候，由于它还没有使自己可以安身立命的洞穴，所以不能躲在洞里“守洞待虫”。那么，这时候的它是怎样觅食的呢？小朋友们可不用替它担心，因为狼蛛在小的时候也很有一套觅食方法呢！

小狼蛛往往在草丛里不断地徘徊着，当看到一种可以作为自己美餐的食物时，便开始了真正的捕猎——它矫捷地冲过去，然后蛮不讲理地把它从巢中赶出来，飞扑过去，轻松地逮住猎物。

我对它们当时那种敏捷的动作非常欣赏。

就连猫在捕捉老鼠时,动作都没有那么敏捷呢!

但是这只是狼蛛在小的时候才能办到的事。因为这时它们的身体比较轻巧、灵便,可以随心所欲地攀高、跳跃。可是,成年以后,它们的身上就肩负了一份沉重的、不可推卸的责任——带着卵跑。

这时候它们就不能任意跳来跳去了。它们要选择一种稳妥的捕猎方式,那就是先为自己挖个洞,然后在洞里静静地等待着猎物自动上门。

天才建筑师

——迷宫蛛

昆虫小档案

中　文　名：迷宫蛛

英　文　名：spider

科属分类：节肢动物门，蛛形纲

籍　　贯：广泛分布于全球各地，一般在地面、田埂、沟边、农田和植株上活动。

迷宫蛛——这位最平凡普通的蜘蛛，所织出的网却是赫赫有名的，可谓是巧妙至极。你知道迷宫蛛的网到底是怎样的吗？是如它的名字所说，像迷宫一样吗？让我们一起来揭晓谜底吧。

魔幻的水晶迷宫

我们先介绍一些比较罕见的蜘蛛吧，有几种在生活方面有着很高的造诣，从而使它们声名远扬，尽人皆知。

其中有一种叫作美洲狼蛛，它的全身都是黑色的。它们也是居住在洞里的，但是它们的洞穴要比其他蜘蛛的讲究得多。

美洲狼蛛在洞口安装上了一扇活动门。铰链、槽口和插销系统等全部具备。当狼蛛回到洞穴以后，门就会自动落进槽中，关得严严实实的。假若有谁想要入侵它的家，躲在洞里的狼蛛就会把它的小爪子插进铰链对面的一些孔里，把身体紧紧地倚在墙壁上，这样，门就纹丝不动了，不会受到外界的丝毫影响。

和美洲狼蛛同样著名的蜘蛛是水蛛。它会用丝在水中做一个性能非常好的潜水袋，用来储存空气。有了这个可以帮助它呼吸的氧罩，它就可以高枕无忧地在水中一边窥探着猎物的到来，一边避暑了。

真是既凉爽又舒适。其实也曾有人尝试过在水中造房子。小朋友们听说过泰比利斯的故事吗？他是古罗马一位有名的暴君，他曾叫人为他建造了一座水下宫殿，以满足自己寻欢作乐的欲望。

这座水下宫殿留给人们的只是一个让人憎恶和感叹的回忆，而水蛛那精致的水晶宫，却永远在水中灿烂。

非常遗憾的是，我们这个地区没有水蛛，所以我对它们了解得也非常少。精通制门工艺的美洲狼蛛倒是有一些，不过它们也是极少露面的，我只是在路旁偶然遇到过它们一次。

一

并不是那些极为罕见的虫子才值得人们去关注、去探究的。一些普通的昆虫，只要我们好好地研究，给予它们足够的注意，我们同样能发现很多惊喜。

在我们这一带，迷宫蛛还是比较常见的。

在七月的清晨，太阳还迷蒙着它惺忪的睡眼时，我就已经到周围的田野和树林中去搜寻这些小家伙的身影了。和我一同去的还有几个孩子。孩子们的目光比较敏锐，有了他们的帮忙，一定会事半功倍的。

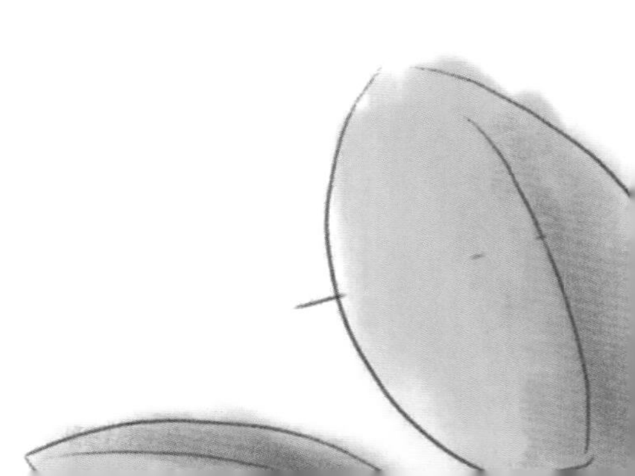

不一会儿，我们就在树林中发现了很多高高悬挂着的丝质建筑物，上面还挂着很多清晨的清露，在阳光的照射下，闪闪发光。从远处望去，就像是一个晶莹剔透的微型水晶宫。

蜘蛛那迷宫似的网上点缀上了晶莹的清露,在清晨的第一缕斜晖的照射下熠熠闪烁。

现在是专心观察蛛网的时刻了。这张蛛网拉在一大丛蔷薇花上,足足有一块儿手帕那么大。

它周围所有突出的细枝都被这张丝网利用了,以便它能够牢牢地固定在空中。蛛网在荆棘中绕来绕去,纵横交错。

网的四周是很平坦的,但是越到中间,就越向中央凹陷。凹到最中间的时候,就变成了一根大约有八九寸深的管子。整体看,这个蛛网就像是一个颈部逐渐变窄的漏斗,一直通到地上茂密的叶丛中去。

蜘蛛就坐在那充满杀机的管子的入口处，它的身体是灰色的，胸部有两条黑带子，腹部有两条细带。在它的尾部，有两个小小的、能够活动的“尾巴”。

在蛛网插进草丛中的那根管道底部有一扇始终敞开的门。这扇门的作用很明显，就是在当它们遇到危险时，能够直接从这里逃到旷野中去。

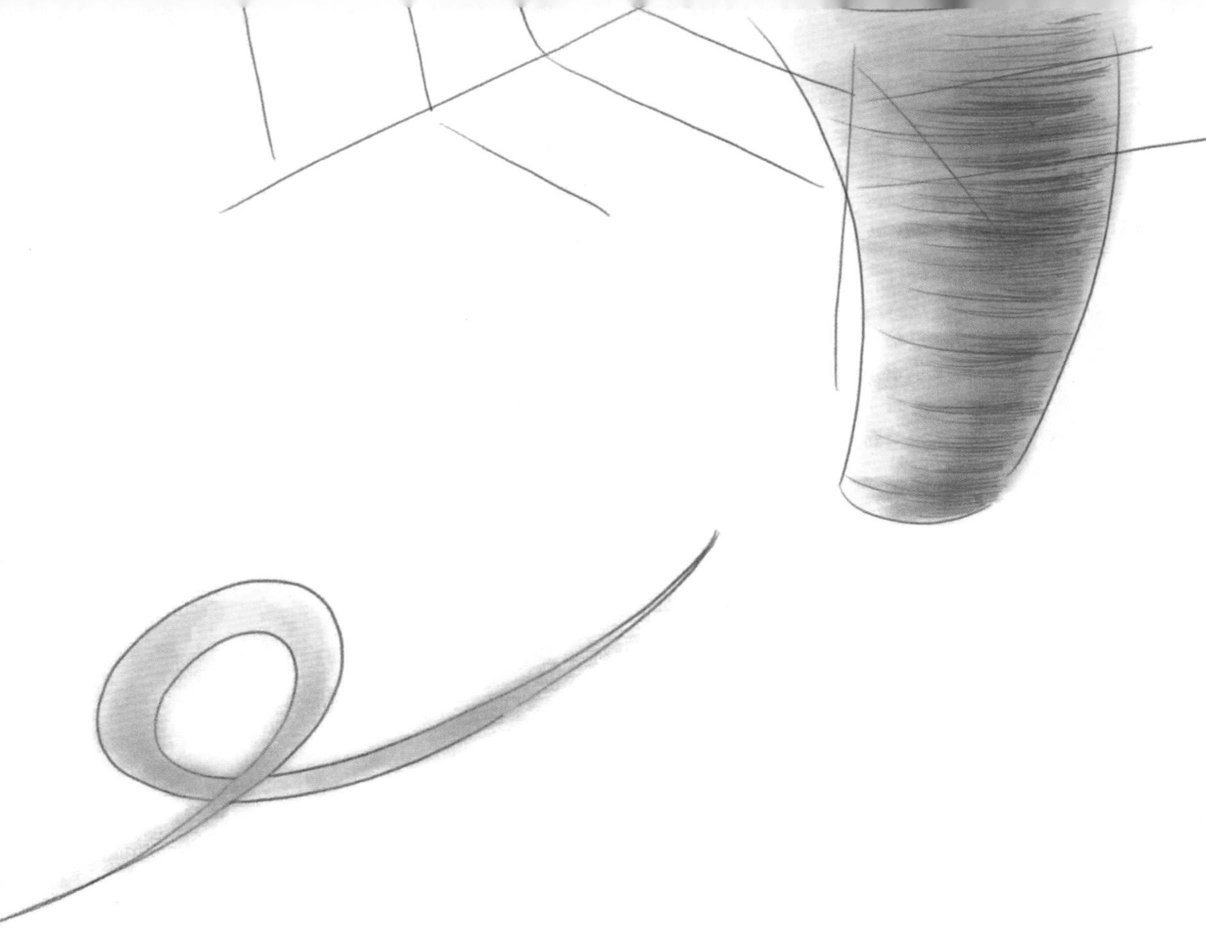

了解蜘蛛住所的构造，对于我们捉到活的蜘蛛，并且不使它受到伤害，是很有帮助的。因为，一旦受到敌人的正面侵入，蜘蛛就会以非常敏捷的动作从底部的小门逃走，进入到荆棘丛生的旷野中去，这时，如果我们想要再抓到它，可就无异于大海里捞针了。还有一点就是，如果我们盲目追捕它，甚至使用暴力，很可能会使它受到伤害。所以，我们只能采取智取的方式。

蜘蛛依然端坐在管口处。挑了一个比较适宜的时机,我一把抓住插在荆棘中的漏斗的底部,这样蜘蛛的后路就被切断了,只能乖乖地钻进我早已为它们准备好的纸袋里去了。

如果小蜘蛛实在顽抗,不肯乖乖地听话,那也没有什么关系,你只要拿一根稻草去刺激它,就能逼它乖乖地就范了。

我们再仔细地看看这座“迷宫”吧。那简直是由无数的丝线交织而成的密林!

这些丝线和每一根作为支撑的小树枝相连,组成了一个乱糟糟的绳套,除非有着特别高的弹跳力,否则一旦陷入,谁也别想逃脱这个名副其实的迷宫。

迷宫蛛的网没有丝毫黏性，它所依靠的就是通过网的迷乱来捕获猎物。这种迷宫似的网的凶险程度绝对不亚于有黏性的网，不信的话，那就让我们把一只倒霉的小蝗虫扔到上面去吧。

可怜的小蝗虫，根本就不能在这个摇曳不定的支撑物上站稳脚跟，它急躁地乱蹦乱跳，拼命地挣扎，但是越挣扎就会把牵绊它的绳索搞得越乱。它就好像是陷进了一个无底的泥塘一般。

而此时的迷宫蛛只是在洞口静静地注视着蝗虫的垂死挣扎，它很清楚，这个猎物根本就没有能力逃脱它所精心布下的天罗地网，它迟早会落入到网的中央，而成为自己的美餐。

果然，一切都在迷宫蛛的掌控之中，蝗虫很快掉下来了。迷宫蛛不慌不忙地爬出来，纵身向它扑去。

这时候蝗虫的全身并没有被牢牢地束缚住，只不过是腿部被几根乱糟糟的丝线给缠住了，大胆的迷宫蛛可不管这一套，它直接走过去，先拍打几下它的猎物，似乎是在察看猎物的质量怎么样。

然后将可怕的獠牙插进它的身体。

经过多次的观察，我发现迷宫蛛对猎物首先下口的部位通常是大腿。

迷宫蛛一旦把獠牙刺入猎物的身体，就会死死地咬住这个伤口,不会再松口。它贪婪地吮吸着猎物的鲜血,汲取着它的养分,直到第一个伤口的血被吸干,才会去换其他部位。

虽然，这一顿饭往往会花掉它很长时间，但在这整个过程中,它一点儿也不用担心猎物会反击。

因为,在猎物被迷宫蛛咬上第一口的时候,就已经被它的毒液杀死了。

我观察到,迷宫蛛扑食猎物时只喝猎物的血,而不吃猎物的肉。它会直接把吸干的猎物的空壳抛到网外,而不会咀嚼猎物的身体一口。

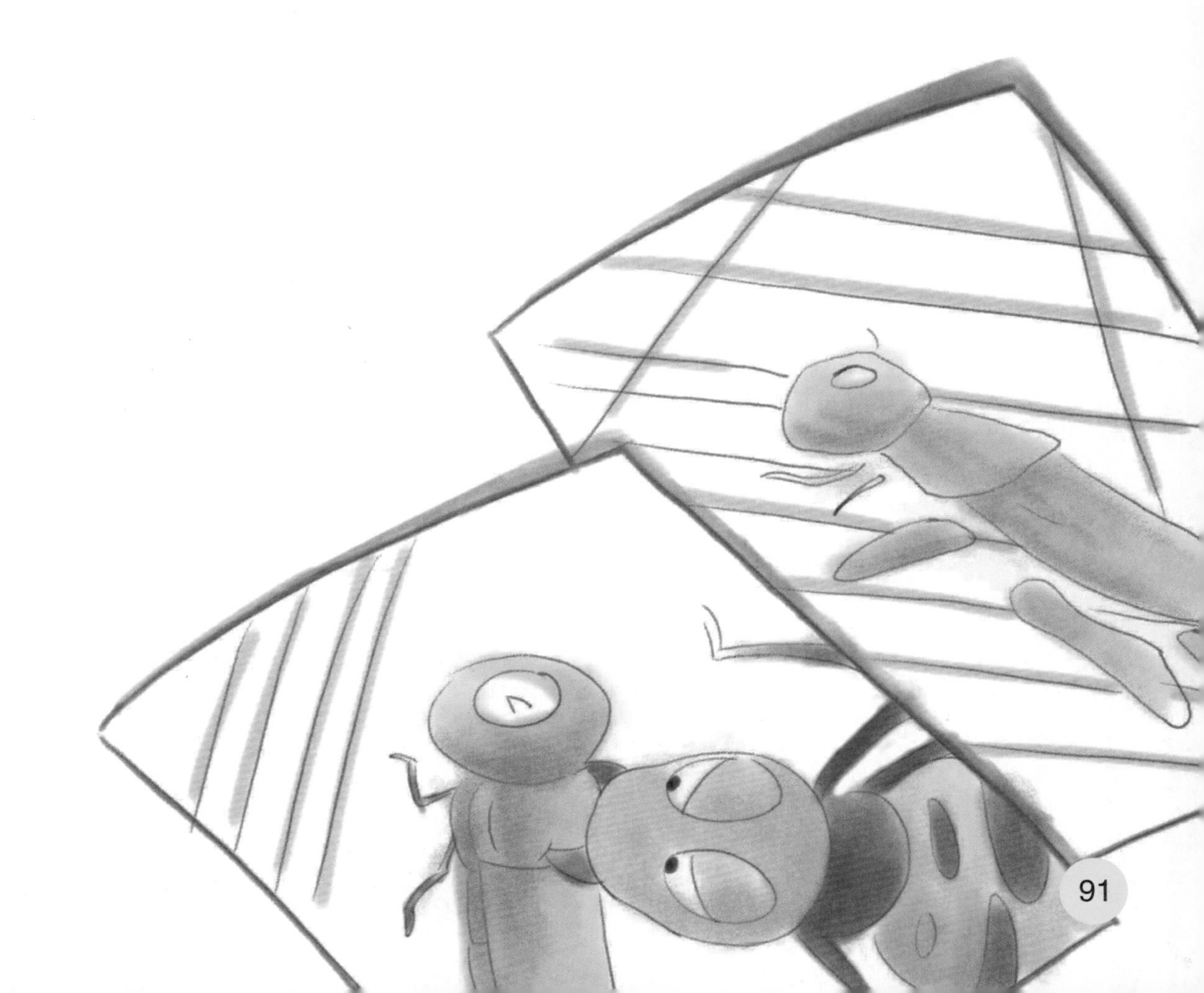

迷宫蛛的另一个家

当快要产卵的时候，迷宫蛛就要搬家了。虽然它的网还是非常完好、很结实的，但是，为了给宝宝营建一个安全的避难所，它必须忍痛割爱。

但是，要把巢建在什么地方呢？迷宫蛛早就想好了。

功夫不负有心人，终于我还是发现了这些小家伙藏身的秘密。我看到一张蛛网，虽然并没有主人的存在，但是却保存得依然完好。这说明它应该是刚刚才被放弃的。

于是，我仔细地在离这个蛛网几步远的范围内搜寻。终于，在一丛低矮而茂密的植物中，我发现了不少的卵窝。

我看到这些卵窝只是由一些干枯、凌乱的树叶夹杂着丝线，胡乱地混合在一起的，显得又脏又乱。不过，在这个简陋、粗制滥造的外壳里面，有一个比较细致的布袋，是用来装卵的。

身为纺织高手，迷宫蛛在为后代构建房屋的时候，难道就真的不像别的动物那样有自己的审美吗？难道真的就只是一个稍微细致一点的像布袋一样的东西吗？

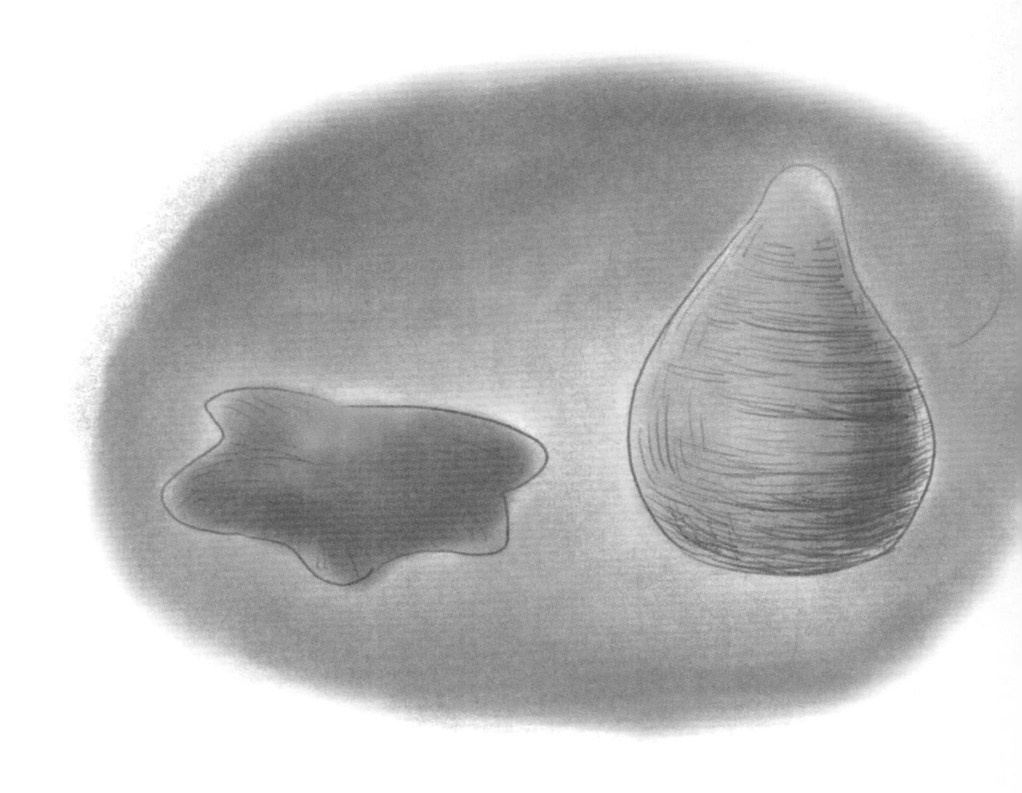

后来,我突然想到了,这样粗糙的卵窝是和它产卵的环境有着直接的关系的。

在这样碍手碍脚的枯枝烂叶中，它怎么能织出美轮美奂的建筑物来呢?但是我相信,假如是在不受任何拘束的条件下,它绝对可以充分发挥纺织家的才能，为自己的儿女准备一个精美舒适的卵巢。

为了证明我的推想，在八月中旬左右，迷宫蛛的产卵期到来的时候，我把六只迷宫蛛带回了家，把它们安放在了盛着沙土的瓦罐中。

我当时特意没有给它们提供枯叶，因为蜘蛛妈妈可能会利用枯叶给小宝宝当被子盖，这样的卵窝就又难免粗糙了。

实验完全证明了我的猜想是正确的。在八月底的时候，我得到了六只雪白光亮、外观优美的卵巢。在这样一个干净舒适、宽敞轻松的环境中工作，迷宫蛛可以无拘无束地发挥自己的才能，所以其杰作自然整齐精致。

卵巢是椭圆形的，大概有一个鸡蛋那么大，是用精致细腻的白纱编织而成的。蜘蛛母亲要在这个卵形的蛋里待上很长的一段时间，认真地履行自己作为母亲的监护、保卫责任。

卵巢的两端都开着口，前面的开口又宽又长，就像是一条宽宽的长廊，后面的则很细。

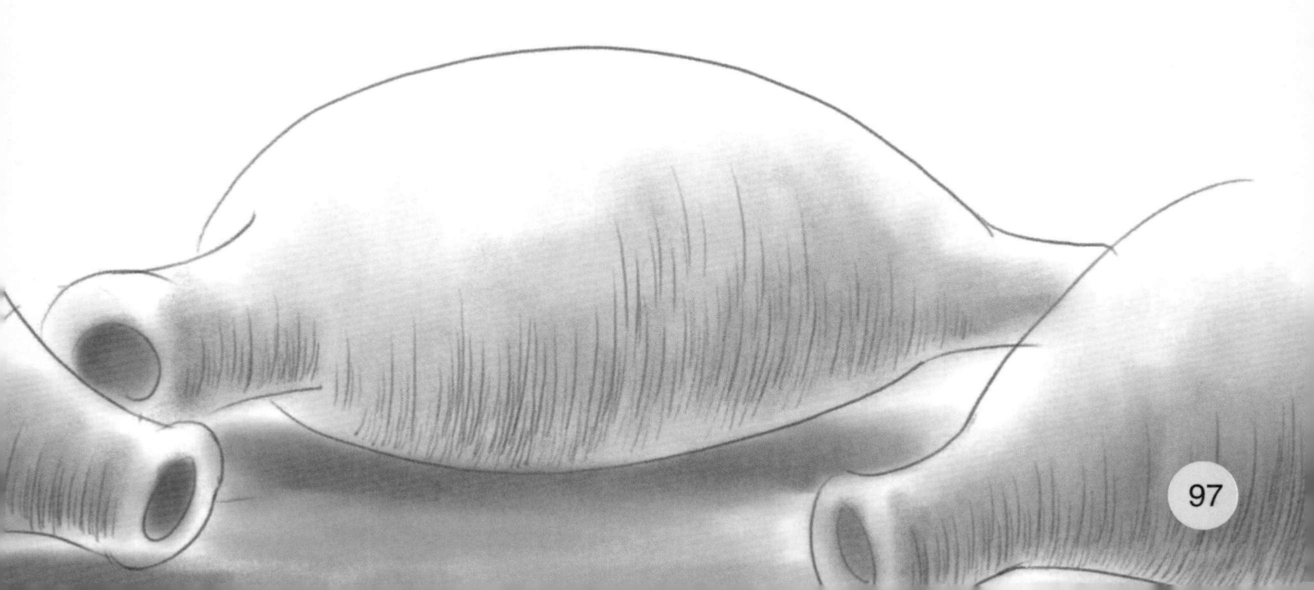

至于后面开口的作用是什么，我现在还不能确定。但是前面开口的作用很明显，肯定是用来供应食物的。我经常看见迷宫蛛们在那里停留，窥探着它们的猎物。迷宫蛛很注重室内卫生，为了不让猎物把干净整洁的室内弄脏，它们总是到外面来享受美餐。

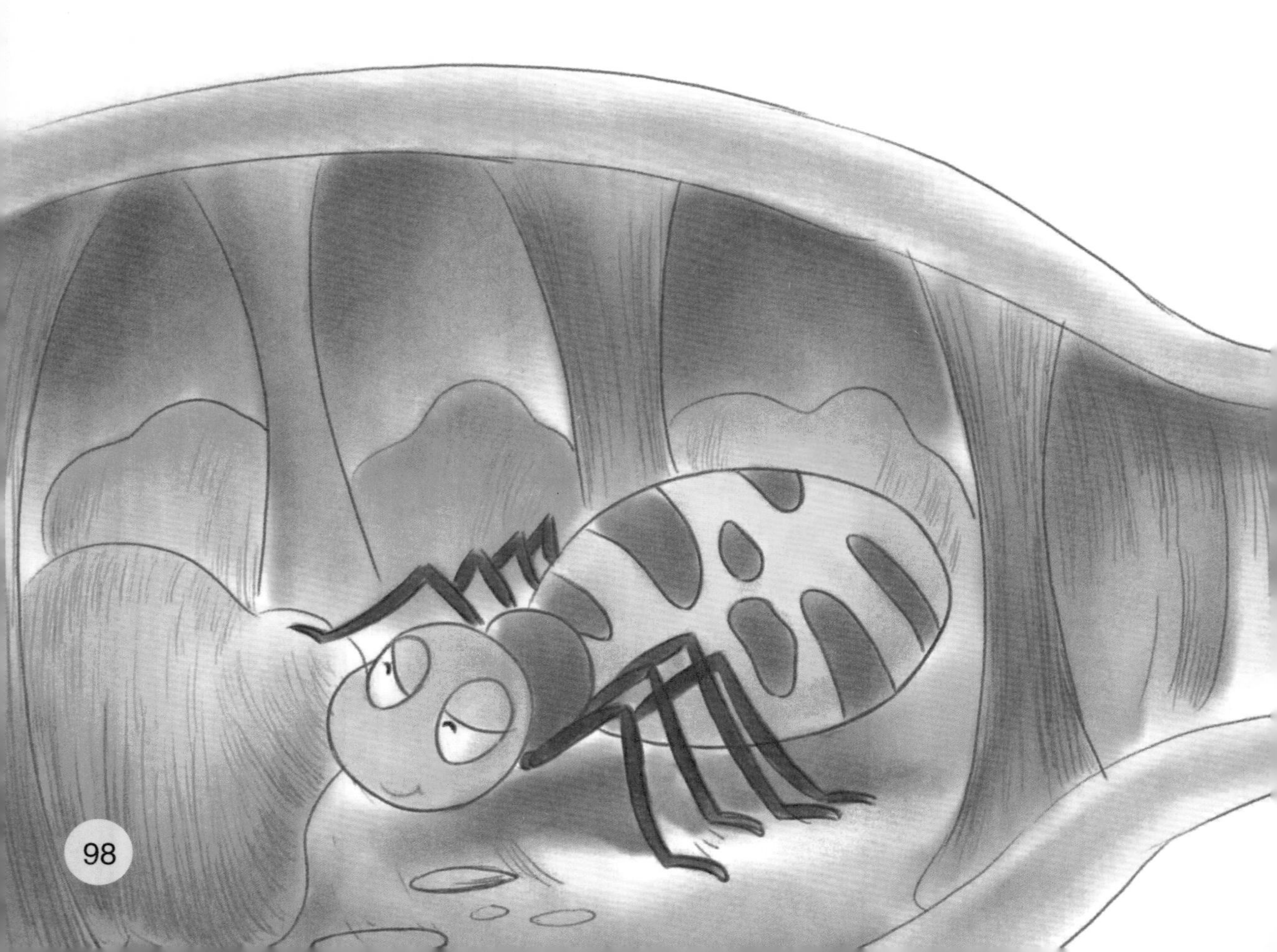

迷宫蛛的卵巢的结构，和它在捕猎期所住的网差不多,都是迷乱无章的。

看来这种建筑风格在它的脑子里面已经根深蒂固了，可见，这些低能的小昆虫对于自己的本能是十分精通的，但是对于随机应变和创新,它们是永远也学不会的。

其实,这个布满丝的迷宫只是一个哨所而已。在乳白色的半透明的丝墙的后面,隐约可见一个个精致的卵囊。

在卵囊的周围立着大概十来根圆柱子，使它能够在巢的中央稳稳地固定住。母蛛不停地在帷幔里面踱着步子，忽而又会停下来关切地倾听卵囊里面小宝宝的动静，就好像是一位在产房外焦急地等待自己孩子出生的父亲。

为了更清楚地了解迷宫蛛卵巢的内部结构，我从野外找了些破损的蛛巢。构成卵袋的材料很结实，我是用镊子给撕破的。

袋子里面铺了一层细腻光滑的丝被，躺在丝被里面的是一百多颗卵。这些卵呈淡黄的琥珀色，直径大概有一毫米左右。我把这些卵都装进了玻璃试管中，以便观察小迷宫蛛的孵化情况。

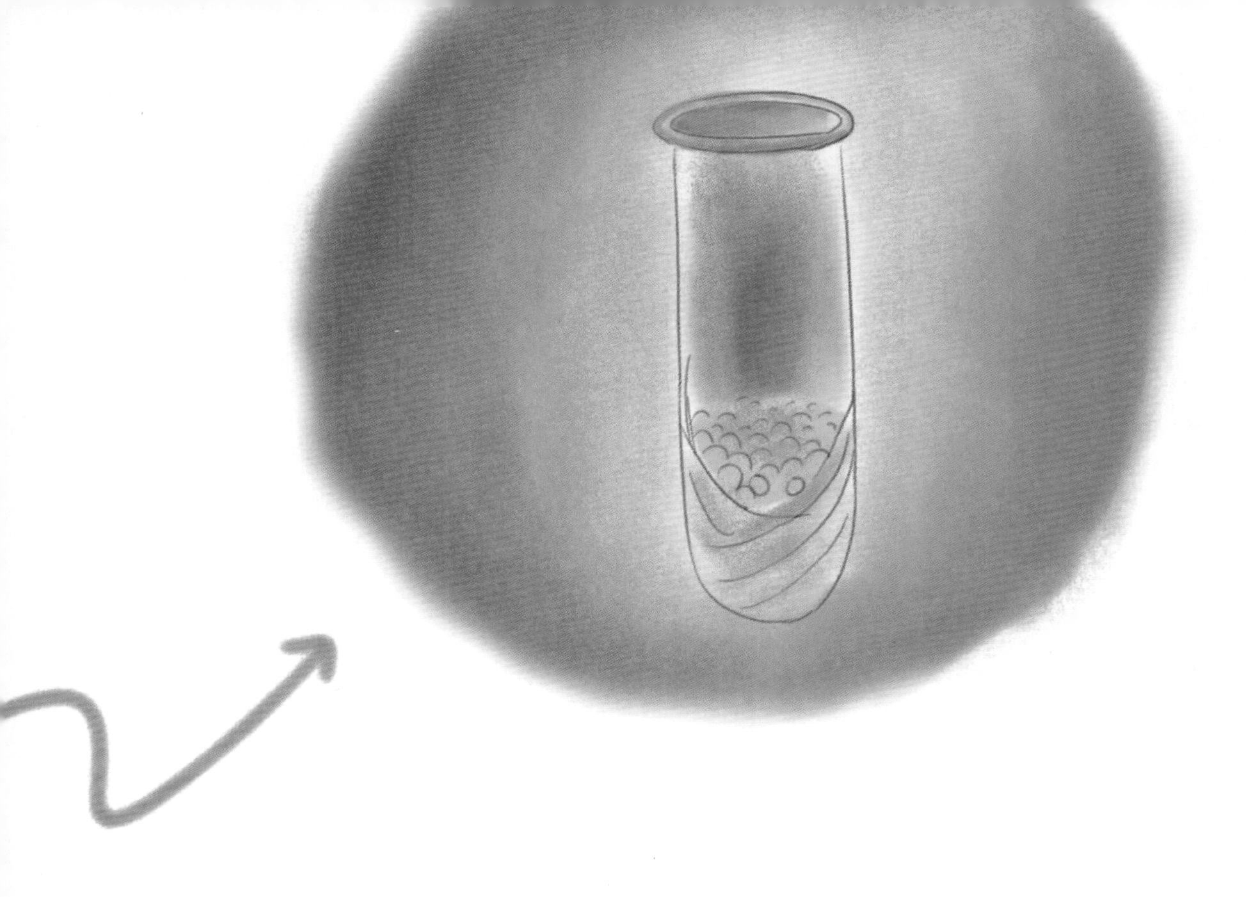

现在,让我们来做简单的回顾吧。快到产卵期的时候,为了完成繁衍后代的责任,蜘蛛妈妈搬离了原来的迷宫,到远处去新建一个隐蔽的居所。

原来,就像我们前面所讲过的那样,高高悬挂的、精致美观的蛛网太显眼了,会招致很多的昆虫前来参观。

有些居心不良的昆虫会顺着蛛网找到大量的蛛卵,然后毫不留情地把它们蚕食而尽。

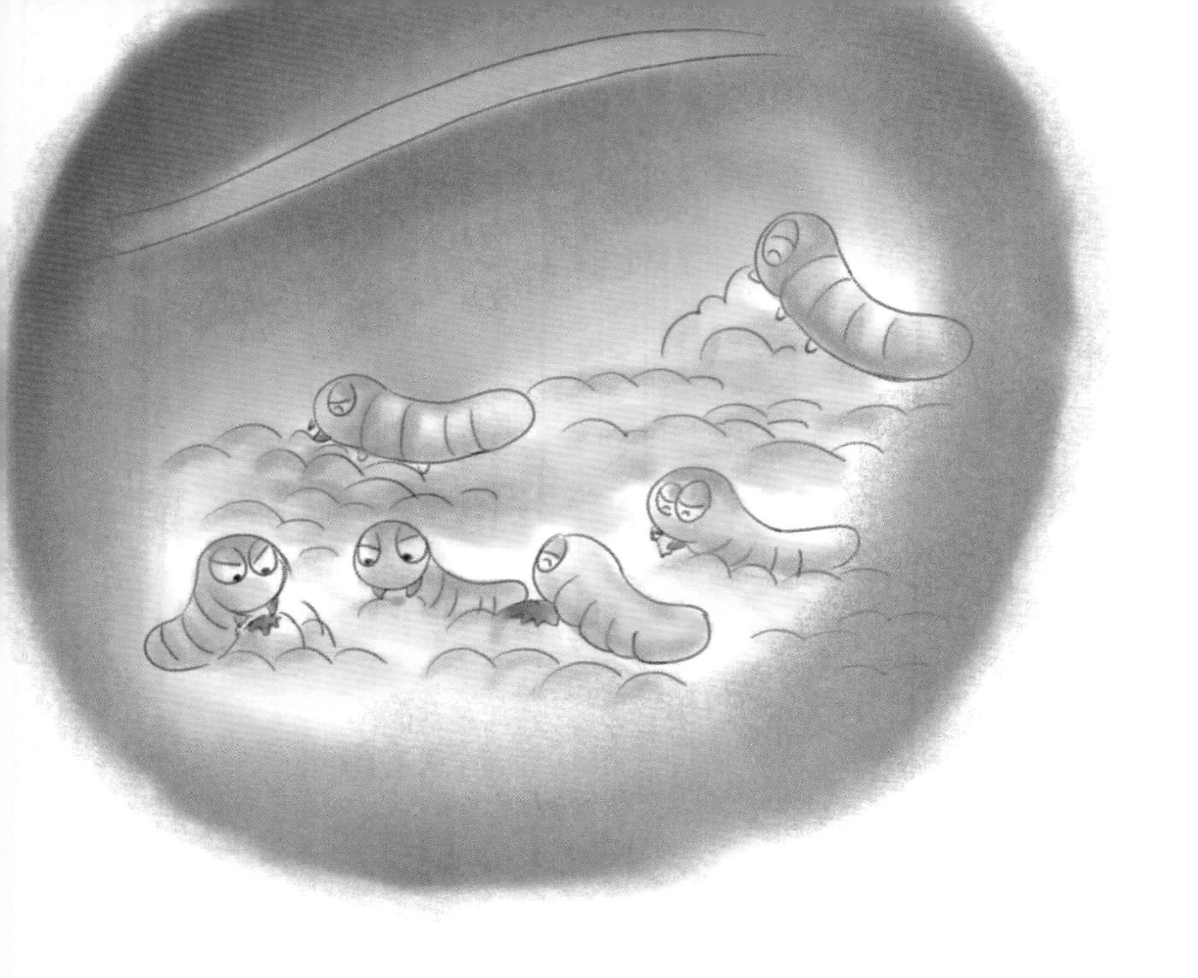

彩带圆网蛛的悲剧就是一个很好的例子。它认为自己所编织的卵窝非常结实、漂亮，所以把它高高挂在显眼的荆棘丛上，像是故意炫耀似的。这样所带来的后果是可想而知的。我经常在它的卵袋里发现姬蜂的幼虫，这些幼虫最爱吃的就是蜘蛛的卵了。它们会毫不留情地把蜘蛛的卵残杀殆尽，最后只留下一些被吸干的空卵壳。

与此相比，迷宫蛛则显得很有先见之明。

为了更加隐蔽，心思缜密的迷宫蛛往往在夜色中进行这项工作。它要找的往往是一些有枝叶垂落到地面上的矮灌木丛，这样即使是在冬天也有茂密的树叶作为遮挡，正因为这样，给我们的搜寻工作带来了很大的麻烦，因为蜘蛛母亲把它的宝宝们都藏得太过于隐秘了。

在一般情况下，蜘蛛妈妈一旦选好地点产下卵，就会弃宝宝而去，任它们经受命运的洗礼。但是迷宫蛛对宝宝的关爱却更为深厚、持久，它会一直守着它的宝宝，一直到它们孵化出来，就像蟹蛛那样。

蟹蛛产完卵以后会一直守在卵袋旁边。它从此以后就不再吃任何东西。

迷宫蛛也会一直守卫宝宝，直到小蛛们孵化出来，但迷宫蛛妈妈好像很会善待自己似的。产完卵后，胃口不但没有变差，反而比以前更好了。

我经常会往金属罩里扔上几只蝗虫，迷宫蛛会马上飞奔过来，把可怕的毒牙刺进它的大腿，那可是蝗虫最鲜美的部位了。

当然如果迷宫蛛胃口好的话，他也不会放过蝗虫身体的其他部位，直到把蝗虫的鲜血全都吸食干净。迷宫蛛的胃口如此之大，真让人诧异。

难道身为母亲的迷宫蛛真有必要吃那么多东西吗？答案是有。因为产卵，以及给自己和孩子们所造的两套住所，已经差不多把它的丝巢掏空了，并且在以后它还要不停地给卵窝加厚，为了保证它一直有柔韧的丝可以奉献，它必须不断地进食。

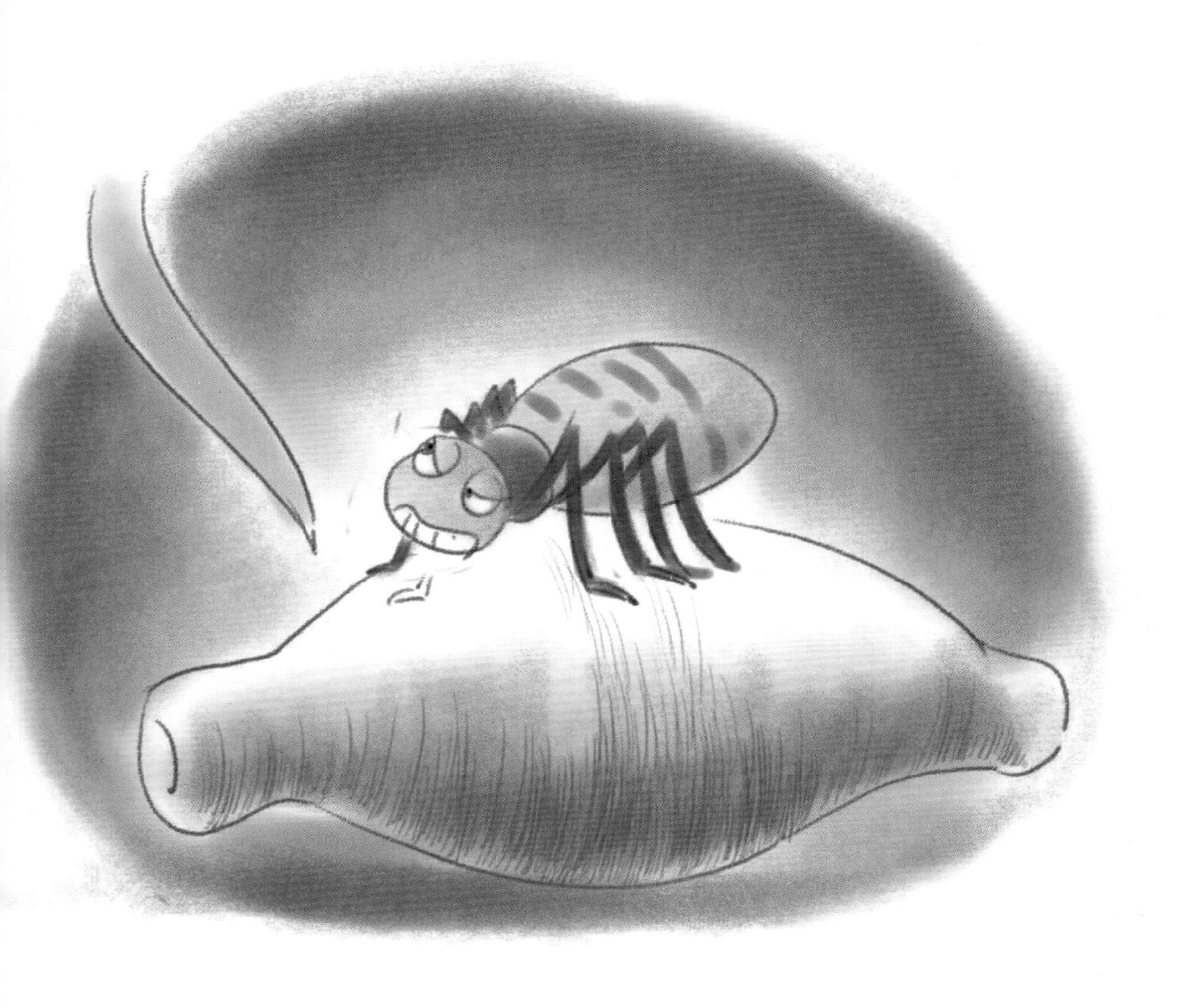

迷宫蛛妈妈总是在它的哨所上来回地巡视着，不时地停下来慈爱地看看它的宝宝，听听宝宝们的动静，它时刻保持着很高的警惕性，一旦发现危险的苗头，它就会摆出一副威慑、与敌人决一死战的架势。有的时候，我故意用麦秸挑动卵袋，让它轻轻地晃动一下，它也会马上赶过去一看究竟。

到九月中旬，离迷宫蛛妈妈产下卵已经有一个多月的时间了，小蜘蛛就都孵化出来了。但是它们继续赖在那柔软的、厚厚的棉被里度过整个冬天。

而这时迷宫蛛妈妈却继续操劳着，不停地吐丝，使宝宝的棉被越来越厚实。不过继续操劳的同时，它的行动却变得越来越迟缓，精神也一天天萎靡。

直到身体衰弱到极点，才完全停止了它的纺织工作。

终于，在十月末的时候，迷宫蛛妈妈在尽到了所有作为母亲的职责后，安详地死去了。

在以后的日子里，小蜘蛛们就要听天由命了。如果不出意外，等春天到来时，它们就会从被窝里钻出来，借着风吹起的蛛丝，散落到别的地方，然后像它的妈妈一样，织成它们的第一份杰作——水晶迷宫。

十二月底的时候，我和我的一帮小朋友们，又开始了新一轮的搜寻行动。

终于，经过两三个小时后，穿过一条弯弯曲曲的小径，在一堆杂乱的迷迭香丛中，我们终于发现了好几个蜘蛛窝。

这些可怜的蜘蛛！它们的窝已经被恶劣的天气糟蹋得面目全非了！脏兮兮的卵袋和散落在地上的小树枝连接在一起，混在被雨水冲积而成的沙土堆中。几片稍大一点的树叶被蛛丝乱七八糟地捆绑、拼凑在一起，将卵袋的四面都包裹上。

我把外面的一层枯叶的保护层剥去后，里面露出了用洁白的丝织成的卵袋，它并没有受到雨水和污泥的侵蚀，依然是光亮洁白。

接着，我又打开了用蛛丝织成的卵袋。居然在卵袋里面看到了一个泥核，就像是污水通过卵袋渗进了里面。

事实上，这个泥核是蜘蛛母亲的杰作，而且做得还相当用心呢。这个泥核是用沙砾和泥混合而成的，所以硬度还是不小的。

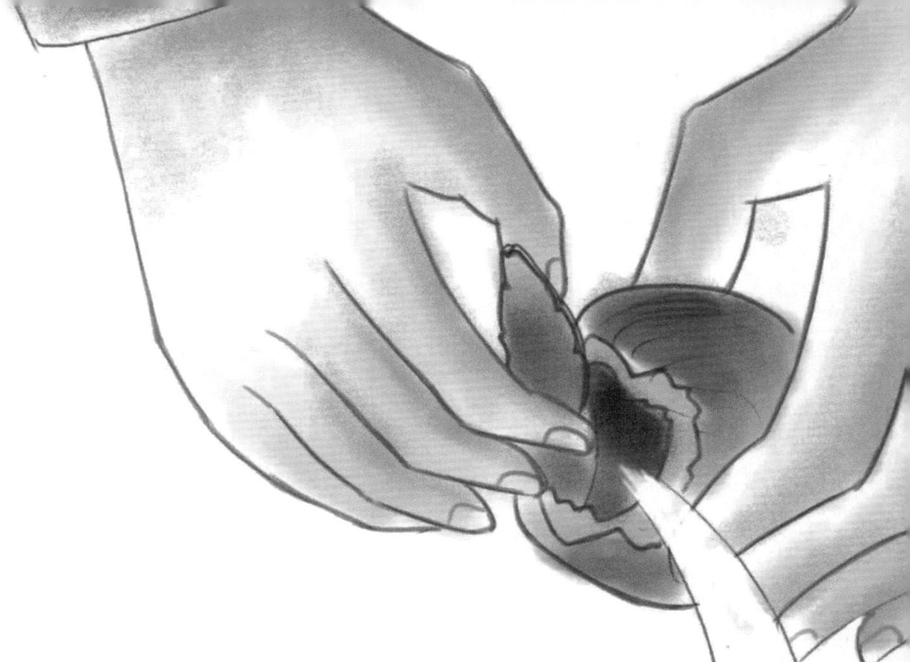

泥核里面，露出一层柔软精致的丝套，这也是小迷宫蛛的最后的防护层了。把这层保护膜撕破后，里面的小迷宫蛛因为受到惊吓四处逃窜。

总之，当迷宫蛛在野外建造卵窝时，会在两层柔软的保护层之间，用沙砾、泥和蛛丝建成一层厚而牢固的壳，以阻挡一些不怀好意的入侵者的尖牙。

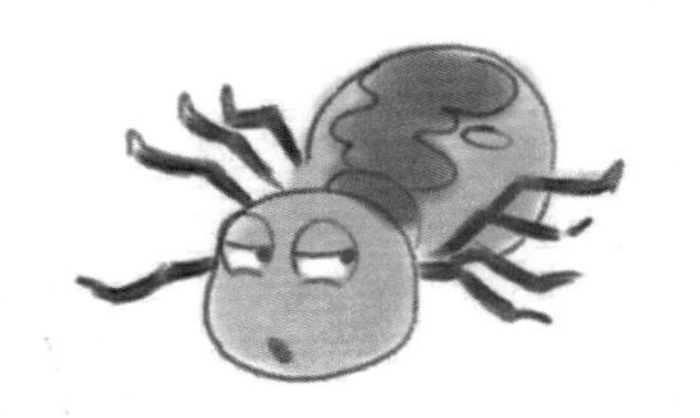

在保护卵的问题上，几乎所有蜘蛛的基本防护方法是非常一致的。家蛛的防护方法是把卵装进一个小丸子一样的东西中,然后在外面包上一层用灰粉和蛛丝制成的硬壳。

在野外的石头下生活的蜘蛛也是利用蛛丝和一些可以方便得到的矿物质相黏合的方法,把产下的卵紧紧地围起来,让小宝宝们安全地长大。

那么，为什么被我囚禁在家中金属罩里的几只蜘蛛妈妈，没有为它的宝宝建成这样一个防御层呢？我发现，那些没有防御层的卵窝都是建在了高处，和地面或者是和周边的沙土有一定的距离；与此相反，那些有防御层的卵窝则通常建在地上，或者周边有方便可以利用到的沙土等矿物质。

发现了这些，就很好解释为什么有的卵窝有防御层，有的没有了，主要原因在于建筑工作的进程。在进行这项工作的时候，它必须一边吐出蛛丝，一边用它的爪子就近取来所需要的坚硬的材料，并将这些材料马上和黏稠的蛛丝混合在一起。

但是,假如它的旁边没有可利用的坚硬材料,它每吐完丝还要到远处去寻找沙砾,那么它的防御层的完工肯定就遥遥无期了。要等到真正完成,恐怕它的小宝宝们都已经孵化出来了。

而在我的金属罩里,瓦罐中的沙土离得太远了。

在野外的迷宫蛛也是一样,如果它们把窝建在了距离地面有一定高度的植物上,那么它们同样会省略防御层的建筑。而如果把窝建筑在地面上,那么里面的防御层则是必有的。

这是不是就说明了动物的本能可以根据环境的变化而变化呢？仅从这个方面来说，我们是难以下定论的。但是，它却能肯定地告诉我们：动物的本能，并不是随时都能发挥的，这要根据环境的不同而定。在一定的条件下，动物的本能能够随意发挥，而当条件不满足时，它的本能则会潜伏起来。

当然，即使条件再好，迷宫蛛可以发挥的本能也是有限的，如果要让迷宫蛛放弃自己的蛋形卵袋，而去建造一个像彩带圆网蛛那样的梨形卵袋，这是迷宫蛛绝对不可能做到的。